CONNAISSANCES

ASTRONOMIQUES

DES ANCIENS PEUPLES DE L'ÉGYPTE

ET DE L'ASIE,

SUR LES SATELLITES DE JUPITER ET L'ANNEAU DE SATURNE;

OU

LETTRES

ADRESSÉES A L'ACADÉMIE DES SCIENCES

EN 1835,

PAR M. DE PARAVEY.

PARIS. — 1835.

ÉPERNAY, IMPRIMERIE DE WARIN-THIERRY ET FILS.

CONNAISSANCES

ASTRONOMIQUES

DES ANCIENS PEUPLES DE L'ÉGYPTE

ET DE L'ASIE.

Extrait du N° 57 des *Annales de Philosophie chrétienne*.

Lettres adressées en 1835 à l'académie des Sciences, sur la connaissance que les anciens ont eue des satellites de Jupiter, de l'anneau et des satellites de Saturne, et des télescopes et planétaires.

Relativement au genre humain et à son origine sur la terre, il existe deux systèmes principaux, qui se partagent les esprits en ce moment.

L'un, adopté par les matérialistes, consiste à regarder l'homme comme une combinaison fortuite du hasard, comme un être sorti du limon de la terre, sur laquelle il a rampé longtems dans un état inférieur à celui des plus vils animaux; c'est ainsi que le présente M. le colonel et académicien Bory de Saint-Vincent, dans son *Essai sur les Races* [1], extrait du *nouveau Dictionnaire classique d'Histoire naturelle.* C'est aussi presque à la même idée qu'arrivent quelques auteurs, spiritualistes à la vérité, et reconnaissant que l'homme est sorti des mains de Dieu, mais sans science, sans l'usage de la parole surtout, qu'il n'a acquise que par le bon usage de ses facultés.

L'autre système, conforme à la Bible et aux livres sacrés conservés en Chine, nous montre l'homme comme une noble intelligence, *descendue du ciel*, avec la science et la parole, et soumise ensuite, mais par punition seulement, à la sujétion des sens; c'est une tradition qu'on voit admirablement conservée dans le discours préliminaire du *Chou-king*, où il est dit : que 黄 *Hoang* 帝 *ty* (ou *l'Homme-rouge*, c'est-à-dire *Adam*),

[1] Deux volumes in-12, publiés y a dix ans environ, et où il admet quinze races distinctes constituant le genre humain.

naquit avec une intelligence extraordinaire, et savait parler en naissant; c'est ce qui a été exprimé par M. de Bonald, quand il a répété, d'après le *divin* Platon, que l'*homme était une intelligence servie par des organes.*

Si, comme tout le démontre, ce dernier point de vue est le véritable; si, comme le disent la Bible et les livres conservés en Chine, les premiers hommes, à peine soumis aux maladies, atteignaient une vie de plusieurs centaines d'années, on conçoit que leurs découvertes ont dû être sublimes; on se figure aisément qu'elles ont dû égaler, si ce n'est surpasser les nôtres.

Que l'on imagine en effet, Leibnitz et Newton, vivant seulement trois cents ans, et vivant sans maladies, sans ces infirmités qui accablaient Pascal; et que l'on évalue alors ce que la force de leur esprit eût peu à peu pénétré. Nous passons maintenant notre courte et triste vie à apprendre pour bientôt oublier; mais il n'en était pas de même avant le déluge, et jusqu'au tems d'Abraham, ce patriarche célèbre, dont le souvenir remplit encore tout l'Orient.

La mémoire de ces premiers hommes était prodigieuse; leur pénétration devait être admirable, comme le démontre la combinaison si ingénieuse des hiéroglyphes qui nous restent encore [1], et qui peuvent nous faire juger de la force de leur esprit, si grande qu'ils avaient à peine besoin d'écrire pour se transmettre les faits relatifs à cet ancien monde: de ces hiéroglyphes dont tant de personnes ont à peine une idée confuse, et qui cependant ont été la seule écriture en usage avant le déluge et pendant plus de 1000 ans après ce grand cataclysme. Aussi leurs poëmes hiéroglyphiques surpassaient-ils l'*Iliade* et l'*Odyssée*, que nul cependant n'a pu égaler parmi nous, et leurs statues étaient-elles supérieures à celles des *Phidias*, et à cet *Apollon du Belvéder*, éternel désespoir de nos sculpteurs.

C'est ce que nous prouvent et les *Védas* des Indiens et les *Kings* conservés en Chine, et le livre sublime de *Job*, où se montrent, outre une foi profonde et une admirable poésie, des connaissances que toutes nos sciences modernes nous ont démontrées seulement depuis un tems fort peu reculé [2]: c'est

[1] *Voir* la belle et concise inscription de *Saïs*, citée par Plutarque (*de Is. et Osir.*)

[2] Job déjà, suspend la terre dans les espaces, et n'en fait pas la base

dans cette haute science des anciens, qu'il faut rechercher la raison qui porta les peuples qui vinrent après, à déifier, dans les planètes, dans les constellations, dans les chants poétiques, ces hommes prodigieux des tems primitifs : c'est de là que naquirent bientôt les idolâtries diverses, occasionées par l'interprétation abusive des hiéroglyphes, et surtout par le culte si naturel des ancêtres; c'est de là que vint aussi l'astrologie, cette folle science, fille indigne de l'antique et pure astronomie

Ces idées, comme on le voit, sont fort loin de ces théories où l'on représente l'homme et la société des premiers tems, comme plongés dans l'ignorance, n'ayant avancé dans la civilisation qu'avec lenteur, hésitation et difficulté ; où l'on déifie presque l'esprit humain de notre époque, pour ses inventions et sa science; où l'on se donne enfin l'espérance d'un progrès indéfini, qui semble devoir, dans un avenir prochain, faire des hommes des espèces de demi-dieux.

C'est dans la vue de rabattre cet orgueil par trop présomptueux; c'est pour rétablir les faits relatifs à la naissance de l'homme, et surtout l'antique civilisation des premiers patriarches, si méconnue de nos jours, que M. de Paravey a adressé, depuis un an, diverses lettres à l'*académie des Sciences*, lettres dont la lecture a été écoutée avec intérêt, et a occasioné des discussions plus ou moins vives. Dans une de ces lettres, il montrait, par un passage de *Ctésias* [1], que long-tems avant Francklin, les Perses

fragile du monde éthéré..... *Qui appendit terram super nihilum.* Job, ch. XXVI, v. 7.

[1] Voici le passage de Ctésias :

« On trouve du fer au fond de cette fontaine. Ctésias dit qu'il a eu deux épées de ce fer. Le Roi (Artaxercès Mennon) lui avait fait présent de l'une, et Parysatis, mère du Roi, de l'autre. *Si l'on fiche ce fer en terre, il détourne les nuages, la grêle et le tonnerre.* Ctésias assure que le Roi en fit deux fois l'expérience, et que lui-même en fut témoin.

Φησὶ δὲ περὶ αὐτοῦ, ὅτι πηγνύμενος ἐν τῇ γῇ, νέφους καὶ χαλάζης καὶ πρηστήρων ἐστὶν ἀποτρόπαιος.

Le passage grec est extrait de l'*Hérodote* d'Henri Etienne, p. 658.

M. Nérée-Boubée, directeur de *l'Echo du monde savant*, à qui nous avons communiqué ce passage, nous a fait observer « que le *fer oxidulé* (l'aimant) se trouve habituellement mélangé aux sables aurifères. L'on connaît ses propriétés magnétiques. »

avaient connu l'art de diriger la foudre, et de détourner les orages et la grêle, à *l'aide des pointes métalliques :* dans les suivantes, dont nous allons citer la partie la plus essentielle, il s'est attaché à montrer que les anciens avaient eu quelques idées des *satellites de Jupiter* et de *Saturne*, et de l'*anneau* qui entoure ce dernier astre : dans la dernière enfin, il essaie de prouver que les anciens ont dû connaître les *planétaires*, les *télescopes* et les *lentilles grossissantes.* On voit combien ces questions sont importantes et se lient aux travaux du même auteur ; nous croyons donc devoir les faire connaître en leur entier, avec toutes les *figures* qui les expliquent, d'autant plus que la plupart des journaux qui ont parlé de ces discussions, n'en ont rendu qu'un compte incomplet et souvent défectueux.

Lettre adressée à l'Académie des Sciences, le 2 mars 1835, par M. de Paravey, sur Jupiter et ses quatre satellites.

« De 1819 à 1821, parcourant la partie astronomique de l'*Encyclopédie japonaise* ou *San-tsay-tou*, je fus singulièrement frappé de trouver auprès du globe *souy* 歲 ou *souy-sing* 星歲, *planète de Jupiter* ou de l'année *souy* (parce que sa révolution est de 12 ans, comme celle de l'année est de 12 mois), deux espèces de lunes ou de satellites nettement figurés, et que je fis voir à MM. Lebot et Coriolis, savans ingénieurs attachés à l'école Polytechnique.

» Ces satellites, toutefois, ne se voyaient pas dans le *San-tsay-tou* ou *Encyclopédie chinoise*, dont l'*Encyclopédie japonaise* n'est qu'une extension plus ou moins complète; mais je les signalai dans le *San-tsay-tou* japonais, soit à M. Arago, qui me dit alors que certains allemands prétendaient les voir à la vue simple, soit à M. Remusat, qui avait déjà, à cette époque, analysé cette Encyclopédie, pour le t. XI des *Notices de l'académie des Inscriptions.*

» M. Remusat m'apprit qu'il avait aussi remarqué ces deux satellites, et en avait parlé à M. Arago et à d'autres personnes, mais qu'il ne les citait pas dans son analyse du *San-tsay-tou* japonais, parce qu'il les supposait connus au Japon, par les communications que ce royaume avait eues avec les Européens [1].

[1] Cette opinion est aussi celle d'un académicien dont on parlera un peu

» J'observai alors à M. Remusat, que Galilée avait aperçu, *non pas deux*, mais *quatre* satellites près de *Jupiter*, et que si les Européens avaient fait aux Japonais la communication de cette découverte, ils leur auraient parlé de *quatre* de ces petites lunes, et ne se seraient pas bornés à en indiquer *deux*. L'on ne peut pas supposer que les Japonais ne figuraient que *deux* de ces planètes, bien qu'ils en connussent *quatre*, car une note accompagne la description et la figure [1] de la planète *souy-sing* 星歳 ou *mou-yao* 曜木, (celle de *Jupiter*) et cette note est ainsi conçue : « Sur les côtés (*pang* 旁), il y a (*yeou* 有) » deux (*eul* 二) petites (*siao* 小) planètes (*sing* 星), et (*eul* » 而) (elles sont) comme (*yeou* 如) des suivans ou aides, » coadjuteurs (*fou-eul* 耳附 [2].) »

» Rien de ce texte ne me semble européen, et je suis étonné que M. Remusat ait persisté à avoir une opinion contraire, ce que constate en effet son analyse du *San-tsay-tou*, imprimée dans le t. XI des *Notices de l'académie des Inscriptions*, analyse où il cite les noms *souy-sing* et *mou-yao* de Jupiter, mais où il ne dit rien de cette note si remarquable [3].

plus loin, et, bien qu'elle soit contraire à la nôtre, il a voulu insinuer, et a fait dire par divers journaux, que nous lui devions nos idées, conçues avant que son nom ne fût connu.

[1] *Voir* cette figure et ce texte dans la planche I, n° 3, au-dessous de la figure de *Amon-Ré*.

[2] *Mou-yao* 曜木, ou la *Planète, l'astre ailé* (*Yao* 曜) *du bois* (*mou* 木) est un des noms chinois et japonais de *Jupiter*, auquel répond l'*élément du bois et des arbres*, un des cinq élémens admis en Chine. Il est très-remarquable qu'en Égypte aussi *deux arbres verts*, sorte de *cyprès*, figurent toujours devant le dieu *Amon* ou *Jupiter*, ce qui offre entre ces deux contrées éloignées, un des mille rapports qui les unissent.

[3] Cette note que nous connaissions depuis douze ans, et dont un étranger, M. Libri, naturalisé français pour devenir académicien, est venu nous disputer et la priorité et la traduction, a été traduite devant nous et devant son père par le jeune fils de M. d'Urville, âgé de huit ans, et s'occupant de chinois à peine depuis trois mois ; dans la feuille où cet académicien prétendait la publier le premier, les caractères n'étaient pas *lisibles*.

» J'en étais là dans mes recherches, à cet égard, lorsque parut le *Panthéon Egyptien* de M. Champollion le jeune.

» Il commençait par y décrire le dieu *Ammon*, à tête humaine (dieu, où d'autres recherches déjà publiées [1], nous ont fait voir *Abel* pasteur de brebis), et il le figurait aussi *avec une tête de bélier* (planche I, fig. n° 1 de notre lithographie), ayant sur cette tête, outre deux plumes et *des cornes de bouc*, un gros *globe rouge*, sur lequel se projetait un *globe jaune* plus petit, et soutenu par des *cornes de vache*.

» Dans ce petit globe jaune, projeté sur le centre du globe rouge et plus gros, du *Jupiter-Ammon* des Grecs, ou de l'*Amon-Ré* des Egyptiens, on pouvait donc voir, soit un satellite, soit la planète *Vénus* ou *Athyr* en conjonction avec Jupiter (des cornes de vache étant partout, suivant Champollion, le symbole d'*Athyr*, *Athor* ou *Vénus*, et le *jaune* étant la couleur affectée à la lune, *satellite de la terre*).

» Mais la planche V (n° 3) vint bientôt rectifier mes idées à cet égard ; car ici *Jupiter*, figuré sous forme *Panthée* et comme générateur, a la tête ornée d'un globe rouge fort gros et un peu aplati, et que surmontent deux cornes de bouc, soutenant latéralement deux petits globes jaunes, lunes ou satellites, exactement comme dans le *San-tsay-tou* ou *Encyclopédie japonaise* [2].

» J'aurais pu, dès-lors, communiquer ces remarques à l'Académie, car je les fis aussitôt que parurent les premières livraisons du *Panthéon*; mais j'attendis des livraisons nouvelles, et peu après M. Champollion publia une figure d'*Ammon* ou de *Jupiter*, à corps humain, à *quatre têtes de bélier* (voir figure n° 2), et portant sur ses cornes de bouc une sorte de mitre ou bonnet sacré (*oft*), orné de quatre globes inégaux, dont deux latéraux, et supportés par deux *uréus* ou *basilics*, et un supérieur et déplacé, mis sur le haut du bonnet.

[1] *Voir* notre *Essai sur l'origine unique et hiéroglyphique des chiffres et des lettres*. Introduction, pag. xxx.

[2] Les antiques communications des Arabes ou Nabathéens et Égyptiens avec le Japon, plus encore qu'avec la Chine, suffisent pour indiquer comment ces deux peuples ont pu s'accorder à ne reconnaître d'abord que deux satellites près de Jupiter. Dans le N° 56 des *Annales*, p. 81, *Mémoire sur les Muyscas*, nous avons démontré ces anciennes communications.

» La disposition de ces *quatre* globes n'était pas, *nous le savons*, celle qui résulte des mouvemens rapides des quatre satellites de Jupiter, mouvemens qui ont lieu à peu près dans un même plan ; mais il nous semble que, pour représenter les quatre satellites à la fois autour de la tête ou de la planète de Jupiter, figurée par ces cornes de bouc, il fallait nécessairement en mettre un au-dessus de celui du centre, car si on le supposait derrière la planète, on ne le verrait nullement.

» Cette circonstance des 4 têtes de *Jupiter-Ammon*, sous forme de *bélier*, me semblait d'ailleurs fort significative ; puisque cette planète a quatre satellites, en effet : et ici la figure du dieu ou les cornes de bouc représentaient sans doute, nous le répétons, la planète elle-même ou son *âme divine*.

» Nous en étions là de nos conjectures, quand la planche XXVI (figure n° 4) du *Panthéon* vint encore mieux établir ces idées ; car sous la forme d'une femme ailée et la tête ornée d'un très-gros globe, on voit la déesse *Thmei* ou l'esprit, l'âme de la *planète de Jupiter*, ombrager de ses ailes le dieu *Atmou*, seigneur de l'*Amentès*, ou de la *contrée occidentale*, dieu où Champollion voyait le Soleil, ou le dieu *Phré* à l'occident ; mais qui, étant orné du bonnet à cornes de bouc et des quatre globes, ne peut être pour nous que *Jupiter* avec ses satellites [1].

» Ici l'on a donc et le *globe fort gros de Jupiter* et les quatre globes *inégaux en grosseur*, qui représentent les quatre satellites, inégaux en effet, de *Jupiter*.

» Ce serait un singulier hasard qui réunirait cette circonstance de *cinq* globes *inégaux*, dont deux fort petits, et vus des deux côtés de la tête de ce dieu ; quant à ceux qui objecteraient qu'il y a dans cette planche du Panthéon deux divinités, ils ne sau-

[1] Ce n'est pas ici le lieu de démontrer que le dieu de l'*Amentès* et la déesse de la justice, *Thmei* ou *Thémis* sa *parèdre*, ne peuvent répondre qu'à *Jupiter*. Nous nous bornons à affirmer que nous pouvons le prouver directement, et sans employer la considération des satellites, la *tête d'épervier* donnée ici au Dieu, le peignant comme juge des âmes dans l'*Amentès* ; âmes dont l'épervier est le type, dit *Horapollon*. Nous renvoyons d'ailleurs, pour ce symbole de la justice, à ce que nous avons dit de *Fohy* ou *Abel*, dans l'Introduction à notre *Essai sur l'origine hiéroglyphique des lettres*. Paris, 1826.

raient pas qu'en Egypte, *comme en Chine*, chaque divinité matérielle avait son principe femelle et mâle réunis ; ce qui en chinois se nomme le *yn* et le *yang ;* ce que Champollion nomme le *dieu* et sa *parèdre.*

» Mais, nous objectera-t-on, ce même bonnet sacré, orné de *quatre* globes et supporté par les cornes de bouc de *Jupiter-Ammon*, bonnet nommé *oft* par M. Champollion, se voit, pl. XXVII du *Panthéon* [1], sur la tête du dieu *Sev*, *Seb*, *Sovk*, ou *Cronos*, *Saturne* des Grecs ; et planche XXXVI, sur celle de *Thoth* à *tête d'Ibis*, ou d'*Hermès* le second (*écrivain* ou *secrétaire des dieux*, aussi appelé *Thoth, deux fois grand*), c'est-à-dire sur la tête de la *planète Mercure*, planète qui en Chine répond aussi à l'*élément de l'eau*, élément dont l'*Ibis* est ici le type égyptien ?

» Cette difficulté, cependant, n'en est pas une ; car une conjonction de *Jupiter* et de ses satellites avec *Mercure*, pouvait être indiquée ainsi, bien que ces conjonctions fussent rares ; et quant à celle de *Saturne*, ou *Sev, Souk, Cronos*, avec *Jupiter*, on sait que ces conjonctions sont plus fréquentes et plus faciles à observer [2].

» Il nous reste à indiquer comment ces satellites de *Jupiter* ont pu être découverts ; nous n'ignorons pas que l'on a cité certaines personnes qui prétendaient voir les plus gros à la vue simple ; et nous n'ignorons pas non plus que la *race mongole en particulier* est douée d'une vue très-subtile ; mais les lunettes, non plus que les planétaires, n'ont pas été inconnues dans les tems qui ont précédé et suivi le déluge ; et ici les livres sacrés, conservés en Chine, mais emportés de la Chaldée, nous le démontrent.

» Si l'on ouvre le *Chou-king* [3], chapitre II, intitulé *Chun-tien*, ou livre qui traite de *Chun*, adjoint à l'empire par *Yao*, et cela en l'an 2285 avant notre ère, et peu après les ravages causés par le déluge arrivé sous *Ty-ko*, on voit cet empereur célèbre

[1] *Voir* la planche II ci-contre, figure n° 5.

[2] On pourrait aussi voir ici les quatre premiers satellites connus de Saturne, comme nous l'observons dans notre seconde lettre, relative à l'anneau de cette planète.

[3] Page 13, édition française de M. Deguignes le père.

Chun, après avoir sacrifié au *Chang-ty* et aux esprits, composer, pour observer les sept planètes *Tsy-tching*, ou *astres à directions diverses* [1], deux *instrumens* qui ensuite ont donné leur nom à des constellations placées vers le quarré de la grande-ourse, ou vers le *kouey* du *pe-teou*, ou *boisseau du nord* des Chinois.

» Le premier de ces deux instrumens est nommé *Siuen-ky* [2], et les commentateurs y voient un *planétaire*, où les planètes étaient figurées par des *pierres précieuses* ou des *cristaux colorés*, *yo*, qui forment *la clef* de ces deux caractères : *Siuen*, seul (qui s'écrit de 7 à 8 manières diverses), signifiant *Bonnet orné de pierreries*, et rappelant *la mitre*, *Oft* (décrite ci-dessus) du *Jupiter-Ammon* égyptien, mitre ornée de quatre satellites ou petites planètes.

» Le deuxième de ces instrumens est appelé *Yo-heng* [3], et l'on y a vu un tube *heng*, précieux *yo*, ou, suivant nous, un tube armé de *cristaux* ou de *lentilles*, *en verre* (*Lieou-ly*), et destiné à viser les astres et à voir au loin; les tubes n'ayant rien de rare, ni de précieux dans un pays de bambous [4].

» Aussi, page 15 de la *Chronologie chinoise*, le docte P. Gaubil, conclut-il *que CHUN avait des instrumens pour observer les sept planètes* [5].

» Il nous a semblé que ces détails pouvaient offrir quelque intérêt à l'Académie : dans une seconde lettre nous exposerons ceux qui concernent la planète de Saturne. »

CH. DE PARAVEY.

Après avoir ainsi établi la connaissance que les anciens ont eue de Jupiter et de ses satellites, M. de Paravey, pour dé-

[1] *Tsy-tching*, les sept directions ou planètes à directions diverses.

[2] *Suen-ky* ou *Siuen-ky*, nom où *siuen* offre le caractère *mo*, *œil*, et où *ky* offre les idées d'*examiner*, *découvrir de loin*.

[3] *Yo-heng*, nom où *heng* offre des idées de balance et de niveau, *horizon*, et où *yo* entre comme *clef*, aussi-bien que dans le nom du *verre*, *lieou-ly*.

[4] *Ky*, qui entre dans le nom *siuen-ky* du planétaire, est le nom d'un *bambou* ; ainsi ce planétaire était armé de *tubes creux* comme les bambous.

[5] *Voir* cette Chronologie, imprimée par les soins de MM. de Laplace et Remusat.

montrer encore mieux l'union qui existe entre les connaissances des Chaldéens, des Chinois et des Egyptiens, résume en ces termes ce que les Egyptiens ont connu de l'*anneau de Saturne et de ses quatre satellites*. Son intention a été, en faisant cette communication à l'Académie, d'appeler, sur les monumens astronomiques qu'on peut rencontrer en Égypte, l'attention des savans qui, en ce moment, explorent ce pays; puisque l'on s'obstine en France à garder inédits les dessins de M. Champollion, et que l'on continue à en refuser la vue à M. de Paravey.

Lettre écrite le 9 mars 1835, à l'Académie des Sciences, sur l'anneau de Saturne et ses quatre satellites.

« Je viens en ce moment entretenir l'Académie des soupçons que je forme sur la connaissance plus ou moins confuse qu'ont eue les anciens, de l'*anneau de Saturne*, et peut-être même de cinq de ses satellites, *ou du moins des quatre* premiers découverts.

» J'observerai d'abord que les idées de *couronne* et de *royauté* sont attribuées au Dieu qui répond à cette planète, dans tous les anciens auteurs, et que son nom Κρονος, *Cronos*, en grec, a de singuliers rapports avec le latin *Corona* [1], de sorte que cet astre aurait pu s'appeler primitivement *l'astre à couronne* ou le *couronné ;* et effectivement beaucoup de monumens antiques le figurent avec une *couronne*, aussi-bien que *Jupiter*, qui le supplanta sur le trône, nous dit la *fable*.

» J'observerai ensuite que les *médailles grecques* des Nômes de l'Egypte, médailles relatives aux planètes, nous présentent pour symbole de cette planète *Saturne*, un *crocodile ;* et que dans le *Panthéon égyptien* de M. Champollion le jeune, ce dieu *Saturne*, dont le nom égyptien était *Sev*, *Sevk*, *Souk*, *Suchus*,

[1] Κάρανος signifie aussi *souverain*, *maître absolu*. La *corne* qui, comme on le sait, est le symbole de la *puissance*, s'exprime aussi en grec par κέρας. Ce mot paraît avoir formé l'arabe *karanoun*, *kranoun*, *cornu*. En outre l'anglais *crown*, *couronne*, est presque le *kronos* ou *cronos* égyptien, écrit par un *kappa* et non par un *chi*, comme on le fait quand il est question du *tems*, *Chronos*, et non de l'*astre*.

outre les noms *Pelbé* et *Péten-Seté*, était figuré avec un corps humain et une tête de *crocodile* surmontée d'un globe [1].

» Or, on sait qu'en Egypte, en effet (c'est Strabon qui nous l'apprend), le *Crocodile* se nommait *Suchus*, tandis qu'en *arabe*, et peut-être même en *copte*, il s'appelait *Pharao*, d'où certains auteurs ont tiré le nom des rois d'Égypte, tel que l'emploie la Bible, c'est-à-dire, le nom général des anciens rois, celui de *Pharaon*.

» On sait d'ailleurs que, dans le cycle des 12 animaux, *dont les zodiaques d'Egypte offrent des traces que j'ai déjà signalées* (cycle qui sert encore aux Turcs, et dans toute l'Asie à supputer les années), le 5e animal est le *dragon* pour les Chinois, les Japonais et les Siamois, tandis que les Turcs substituent à ce dragon le *crocodile* [2].

» On sait enfin que le *dragon* est le type de la *royauté* en Chine et au Japon, et que, dans ce dernier pays, le Japon, il est nommé *Firio, ce qui est presque le nom arabe du crocodile, Pharao* [3].

» Sous toutes ces formes diverses, la planète de *Saturne* était donc la planète *royale* ou la *couronnée*, c'est-à-dire la planète à *couronne*, à *anneau*; *crown* en anglais, ou le *cronos* des Grecs. Il nous a semblé que ces premières analogies de noms et de symboles, ne sont pas sans quelqu'intérêt.

» Mais nous avons encore des preuves plus concluantes à offrir à ceux qui s'occupent de l'*histoire des sciences*, et nous croyons qu'il est tems en ce moment d'appeler l'attention de l'Académie sur cet objet délicat et important.

» Dans la planche XXI du *Panthéon égyptien* de M. Champollion, on voit le dieu *Saturne*, aux chairs rouges, à tête humaine, ayant sur la tête (outre les *cornes de bouc*, les *uræus*

[1] Ici ce globe de couleur *rouge* est figuré *sans anneau* pour le supporter, et l'on sait, en effet, qu'il est des époques où l'anneau de Saturne cesse d'être vu : remarque que l'on doit aussi appliquer à la figure qui termine ce Mémoire, et qui offre cette planète sous forme humaine avec quatre *satellites*. (Voir pl. XXII de M. Champollion, et fig. 1re de notre pl. II.)

[2] *Voir* la *Bibliothèque orientale de d'Herbelot*.

[3] *Voir* notre *Mémoire sur l'origine japonaise des Muyscas du plateau de Bogota*, chez DONDEY-DUPRÉ et THÉOPHILE-BARROIS.

et les *deux feuilles* ou *plumes* qui font sa coiffure ordinaire) un *globe rouge*, soutenu par un *demi-anneau jaune*, fort nettement marqué, et qui emboîte exactement ce globe rouge [1]; nous n'ignorons pas que nos télescopes actuels nous présentent cet anneau sous une forme bien plus elliptique, et nous en donnons une esquisse grossière [2]; mais M. Ampère est convenu avec nous, qu'une vue indistincte de l'*anneau de Saturne*, dans certaine position, avait pu donner la figure égyptienne, qui, d'ailleurs, a pu encore être altérée par le peintre sacré, aussi-bien que beaucoup d'autres.

Mais cette forme *elliptique de l'anneau*, nous en voyons des traces dans une figure, planche XIV, de Champollion [3], où un *dieu* peint en jaune et à tête d'*épervier*, porte sur la tête un *globe aplati*, globe sur lequel est figuré un *uréus*, c'est-à-dire, un *serpent* ou un *dragon*, *type de la royauté* et de *Saturne*, avons-nous dit. Or, ici le *demi-anneau* emboîte encore ce globe aplati, mais il est comme lui *elliptique* et non plus circulaire; et l'*uréus* ou le *basilic*, qui est peint sur ce globe, aussi-bien que la couleur jaune qui lui est affectée, *couleur de l'or*, *couleur impériale* en Chine et dans toute l'Asie, nous démontre qu'il est question ici de la planète *Saturne*, et non pas du *dieu Lunus*, que M. Champollion veut y voir, et qui, s'il y figure avec une *tête d'épervier*, ne s'y trouve que comme indiquant une *conjonction de la Lune et de Saturne*.

Le véritable type du dieu *Lunus* en Egypte, nommé *Pi-oh*, *Pi-yoh*, ce qui est aussi le nom chinois de la Lune *youe* ou *yoh*, avec l'article copte *pi*, est indiqué en effet par un croissant *à cornes aiguës* et *non coupées*, et *un fragment de cercle* [4]; et le dieu *Phtah-socari* ou *Phtha-soukari*, figuré souvent à face de *nègre* ou de *Calmouk*, tenant des *serpens* ou des *dragons*, et foulant aux pieds le *crocodile*, *souk* ou *suchus*, ne peut être qu'une combinaison du dieu *Yo* ou *Pi-ioh*, la Lune, et du dieu *Sev*, *Seb*,

[1] *Voir* cette figure dans notre planche II, fig. n° 2.

[2] Même planche, fig. n° 3.

[3] *Voir* même planche, fig. n° 4.

[4] *Voir* même planche, fig. n° 7.

Such ou *Souk*, *Saturne*, aussi nommé *Pelbé*, modification de *Phtah*[1].

»Dans toutes les figures de zodiaques et de planètes que nous avons pu recueillir, et notamment dans celles du *beau manuscrit arabe*, rapporté d'Égypte par Bonaparte, et par lui donné au *cabinet des manuscrits*, *Saturne*, dieu cruel et inexorable, est figuré comme *un guerrier nègre*, ou un *bourreau* tenant à la main une tête coupée; l'on sait en effet que les Phéniciens et les Carthaginois immolaient des hommes à *Saturne* ou au farouche *Moloch*. Or, dans la planche XIV[2], où se voient le globe et l'anneau aplatis, est figuré le sacrifice d'une *gazelle* ou de l'*oryx*, type des Nègres, sauvages habitans du désert.

»Enfin, dans le planisphère de *Denderah*, qui se voit à Paris[3], on trouve également, et sous le verseau, *domicile chaldéen* ou *astrologique de Saturne*, un cercle où sont figurés 8 *prisonniers destinés à être immolés*, et qui ne peut être autre chose que la figure symbolique du *globe de Saturne*.

»D'après tout ce qui précède, on peut conclure que les anciens avaient eu quelque connaissance de l'*anneau de Saturne*, et attachaient à cette planète obscure et éloignée, des idées funestes. Lui donnant les traits des deux races cruelles, Mongole et Nègre, races repoussées vers les limites de l'Asie civilisée,

[1] En grec, le nom *Phtha-socari*, était rendu par celui d'*Harpocrate* ou d'*Horus* aux *pieds malades et difformes, et à la marche lente*, nous dit Champollion. Et en effet, il est figuré avec *pieds-bots* dans la planche VIII, et ce caractère convient parfaitement à *Saturne*, ou *Petbé*, *Patbe*, *Phtabe*, dont la révolution est de 30 ans; mais M. Champollion n'a pas compris tout ceci, et a attribué ces caractères à l'*astre de la lune*, dont la marche rapide a eu pour symbole, au contraire, le *lièvre* ou les *biches* de la *blanche Diane*. De même que les anciens avaient rapporté *Jupiter*, dont la révolution est de 12 ans, au *soleil*, dont la révolution est de 12 mois; de même aussi, supposant que la révolution de *Saturne* ou *phtha* était de 30 à 28 ans, ils rapportaient sa marche à celle de la *lune*, dont les révolutions diverses sont également de 30 à 28 jours, et de là, *Saturne*, chez eux, était la planète du *mois*, comme *Jupiter* celle de l'*année*. (Voir pl. VIII, n° 2, Champollion, n° 6 de notre planche.)

[2] *Voir* notre planche II, fig. n° 4.

[3] Nous donnons ce Planisphère de Denderah, ici dans notre Atlas

par la race Caucasique, ils lui offraient en sacrifice les peuples de ces races *sauvages*, ce que semble aussi indiquer le nom chinois et japonais, *Tchin-sing*, de cette planète [1].

» Il nous reste à examiner maintenant si l'antiquité avait aussi connu quelques-uns de ses 7 *satellites*.

» Ici nous pourrions d'abord remarquer que le nombre 7, de tout tems a été appliqué à *Saturne*, et que M. Champollion, outre ses noms *Souk* et *Petbé*, lui trouve aussi le nom *sev* et *seb*, peu différent du nombre *sept*; mais on nous dirait que ce nombre tient à son rang dans les *planètes* et dans la semaine. Nous avons donc recherché d'autres traces d'une ancienne connaissance des satellites, et Bailly [2] nous les a données; car d'après M. de Buffon, il observe que les Indiens admettent 15 *mondes* ou 15 *planètes*, et il cite sur cela, comme ses garans, Holwel et Commerson; or, ce nombre de 15 planètes, s'obtiendrait, en supposant, outre les 4 satellites de Jupiter et les 7 planètes ordinaires, 4 *satellites connus pour Saturne*; et, en effet, on sait qu'on en a connu d'abord *un*, puis *trois* de plus ou *quatre* en tout, puis *cinq*, et enfin *sept*.

» Mais nous avons déjà communiqué à l'Académie, une figure de Saturne, que nous représentons encore ici [3], à tête humaine, à bonnet rouge, orné d'un *uréus*, *dragon* ou *basilic*, *type de royauté* ou de *Dieu couronné*, bonnet surmonté de l'ornement *oft*, ou de la mitre à 4 globes, pareille à celle de *Jupiter-Ammon*.

» Nous avons dit que l'on pouvait y voir une conjonction de *Jupiter* et de *Saturne*; et si l'on admet l'observation de M. de Buffon et de Bailly, ces 4 globes pourraient aussi figurer les 4 *premiers satellites* connus autour de Saturne, chez les anciens : ainsi donc, les anciens Egyptiens, au moins, seraient arrivés aussi à la connaissance de 4 satellites des 7 qu'offre *Saturne*; chose que nous ne donnons toutefois que comme une simple conjecture. ».

CHEV. DE PARAVEY.

[1] Nous aurons à examiner un jour si ce Dieu n'aurait pas du rapport avec *Adam* et avec *Caïn* son fils aîné, ou le *second Adam*.

[2] *Astronomie ancienne*, p. 81.

[3] *Voir* notre planche II, fig. n° 5.

Pour compléter ses communications sur cette question, M. de Paravey adressa, le lundi suivant 23 mars, une lettre sur la question de savoir si les anciens ont connu les *lunettes*, ou ont eu d'autres *moyens de voir au loin ;* mais, quelque intéressante que fût cette question, il n'a pu parvenir à la porter à la connaissance de l'Académie ; en vain M. Flourens, le secrétaire, dans l'intention d'éloigner toutes les objections, avait bien voulu, de concert avec l'auteur, en faire une analyse succincte ; lorsqu'il a voulu la lire, le président, M. Biot, par un abus d'autorité contre lequel M. de Paravey a protesté hautement, s'est opposé à ce qu'elle fût entendue. Mais ce qu'il y a de plus singulier encore, c'est que cette lettre, dont on a empêché la lecture, a été emportée à l'Observatoire par M. Arago, et que M. de Paravey n'a pu obtenir de la reprendre. A peine, au bout de huit jours, lui a-t-on accordé l'autorisation d'en prendre copie. On la donne ici, ce qui réunira, sur cette question, les documens les plus complets qui aient été publiés jusqu'à ce jour.

Lettre adressée à l'académie des Sciences, le 20 mars 1835, sur les lunettes, et les moyens qu'avaient les anciens de voir au loin.

« Les discussions soulevées par les dernières communications que j'ai faites à l'Académie sur les *satellites de Jupiter* et l'*anneau de Saturne*, m'amènent à l'entretenir, en ce moment, de la question des *lunettes* et *des moyens de voir au loin*, qu'ont pu avoir les anciens.

» On m'a objecté des faits qui traînent dans une foule de dictionnaires, et qu'on devait supposer que je connaissais ; on est même venu citer un passage de la *Chronologie chinoise* du père Gaubil [1] (passage dont j'avais joint la copie textuelle à l'atlas de figures qui accompagnait ma première lettre), et l'on a passé sous silence cette phrase si remarquable du docte missionnaire, où, après avoir dit que dans les livres actuels d'astronomie chinoise, on copiait des planétaires européens et modernes, le père Gaubil ajoutait : *Tout ce que l'on peut assurer, c'est que l'empereur Chun avait des instrumens pour observer les planètes.* »

» Celui qui faisait cette remarquable affirmation, que *les anciens avaient ou des instrumens pour observer les astres et calculer leur*

[1] *Voir* p. 15 et 16 de ce savant ouvrage.

marche [1], avait lu, la plume à la main, tous les livres d'astronomie ancienne et moderne que les Chinois possèdent; il était lui-même habile et savant astronome; et quand il a fallu la réunion de MM. de la Place, de Sacy et Remusat, pour imprimer son précieux manuscrit, conservé à l'Observatoire, et que nous citons ici comme nous le citions déjà dans notre première lettre, il semble qu'on devait peser un peu plus ce témoignage, et ne pas le tronquer.

» Quant à la question de savoir si c'était en *Chine* ou en *Chaldée* qu'observait l'empereur *Chun*, c'est un sujet que nous traiterons quelque jour, et sur lequel nous possédons des documens entièrement nouveaux [2].

» Lorsqu'on nous fait dire que *le verre existait en Chine* 2285 *ans avant notre ère*, on nous prête gratuitement des opinions que nous n'avons jamais eues, puisqu'*avant les olympiades*, nous n'admettons en Chine aucune civilisation digne de ce nom, et que partout, dans nos écrits, nous déclarons les *livres chinois* importés du centre de l'Asie dans le *Céleste empire*, et comme n'y ayant nullement pris naissance.

» Habitué, dans une école célèbre, à raisonner d'après des faits, nous avons à cet égard, soit en *astronomie* pour les constellations, soit en *histoire* pour l'*origine des alphabets*, cité de nombreuses séries de ces faits, et nous en citons même un nouveau en ce moment, en apprenant à l'Académie, que la province de *Sse-tchuen*, donnée cependant comme une des premières habitées en Chine [3], manque entièrement de monumens antiques, et qu'excepté la grande muraille, qui est, *on le sait*, postérieure à Alexandre, la Chine n'offre aucun monument que l'on puisse, le moins du monde, comparer à ceux de la Babylonie, de l'Egypte, ou même de l'Inde et de l'Amérique.

[1] La méthode pour calculer les éclipses en caractères hiéroglyphiques, méthode que le père Gaubil n'a pu parvenir à entendre, démontre seule, aussi-bien que le retour connu des comètes chez les Chaldéens, que les anciens ont possédé aussi, des connaissances que nous rétablissons à peine avec nos langues alphabétiques.

[2] Beaucoup de faits nous portent à croire que *Chun* n'est autre que le célèbre *Nemrod*.

[3] C'est là que l'on place les célèbres pays de *Chou* et de *Pa*, fameux dans la Mythologie chinoise. Voir le *Chou-king*. *D. Préliminaire*.

»Le missionnaire [1] qui nous atteste ces faits, arrive de cette antique province du *Sse-tchuen*, qui confine au *Thibet;* il y a passé huit ans; il l'a parcourue dans tous les sens; et, s'il est moins célèbre que l'infortuné et courageux Jacquemont, avec lequel il pouvait presque se rencontrer, il n'en est pas moins croyable et digne de toutes sortes d'égards.

»Lors donc que nous déclarions que le *planétaire*, *Siuen-ky* et le *tube mobile*, *Yu-heng*, qui ont donné leurs noms à d'antiques constellations, et qui sont cités dans les premiers chapitres du *Chou-king*, étaient armés de cristaux ou de verre, *yu*, nous ne prétendions pas que c'était en Chine que l'on s'en servait; car nous savons, aussi-bien que personne, que le *verre* est encore rare en Chine et même à *Canton :* mais nous savons aussi que de tout tems on a su tailler le *yu* ou le *jaspe antique*, une des pierres les plus dures [2], et nul n'ignore que des Lentilles en cristal de roche peuvent aussi-bien armer des tubes de lunettes que des *lentilles de verre*.

»Il reste donc à examiner si les anciens connaissaient et ces lentilles grossissantes et les lunettes à longue vue que l'on en pouvait former? Or, ici nous avons des passages décisifs à citer à l'Académie : dans Aristophane [3], il est question d'une pierre

[1] M. l'abbé Voisin, des missions étrangères, actuellement à Paris, rue du Bac.

[2] *Voir* dans l'*histoire de Khoten*, par M. Remusat, le savant mémoire qu'il a donné sur cette pierre de *yu*, dont le nom est la clef du verre, et de toutes les pierres précieuses et transparentes.

[3] Comme ce passage d'Aristophane est fort curieux, nous croyons devoir le donner ici :

Strepsiade, pressé par ses créanciers, vient demander à *Socrate* quelque moyen de se délivrer de leurs poursuites. Voici le dialogue que le poète met dans leur bouche.

« Strepsiade. N'as-tu jamais vu chez les pharmaciens cette *pierre* belle et diaphane, avec laquelle ils allument du feu? — Socrate. Tu parles du cristal? — Oui. — Que feras-tu avec cette pierre? — Lorsque l'huissier écrirait la condamnation, je m'armerais de cette pierre, et me tenant un peu en arrière, vers le soleil, je fondrais de loin les lettres de ma condamnation. »

ΣΤΡ. Ἤδη παρὰ τοῖσι φαρμακοπώλαις τὴν λίθον
Ταύτην ἑώρας, τὴν καλήν, τὴν διαφανῆ,
Ἀφ᾽ ἧς τὸ πῦρ ἅπτουσι; — ΣΩ. Τὴν ὕαλον λέγεις;

diaphane, ou de cristal (ὕαλος), avec laquelle, par le moyen des rayons du soleil, on pouvait de loin fondre ces tablettes en cire, sur lesquelles les anciens écrivaient, et allumer même du feu, et produire des cautères [1] : dans Strabon, liv. III, M. Bailly [2] a déjà cité, d'après le comte de Caylus, le passage où, à l'occasion du soleil et de la lune qui, vus à l'horizon, quand ils se lèvent ou se couchent sur la mer, paraissent sensiblement plus gros, ce célèbre géographe dit : « Les vapeurs font le même effet que » les tubes; elles augmentent les apparences des objets. » Aussi Bailly croyait-il, et comme lui, il semble que j'ai pu croire aussi, *que les anciens avaient connu nos tubes* armés de lentilles, soit de cristal, soit de verre, substances également comprises sous la clef générale *yu*, qui entre dans le nom des tubes *Yu-heng*, en chinois antique, ou chaldéen.

» Quant à nos planétaires armés de lunettes et de tubes, long-tems avant Galilée, et avant la prétendue invention nouvelle des lunettes en Hollande, Bailly aurait encore pu citer Mabillon, qui, dans son voyage en Italie, déclare avoir vu, dans un monastère de son ordre, les Œuvres de Comestor, écrites au 13e siècle, et dont le *Frontispice offrait un portrait de Ptolémée contemplant les astres avec un instrument à quatre tuyaux*, c'est-à-dire, pareil au *Siuen-ky*, ou planétaire de l'antique empereur *Chun* (planétaire offrant les tubes nommés *Yu-heng*, ou tubes à cristaux. pierres d'*yu*) dont il a déjà été question.

» Mais nous croyons maintenant en avoir dit assez à cet égard; nous ajouterons seulement, que déjà les Zodiaques égyptiens s'accordent tous à donner au Sagittaire *deux têtes*, dont une d'*homme* et une de *tigre* ou de *léopard* [3], et que Ptolémée, en effet, met dans

ΣΤΡ. Ἔγωγε. — ΣΩ. Φέρε, τί δῆτ' ἄν; — ΣΤΡ. Εἰ ταύτην λαβὼν
Ὁπότε γράφοιτο τὴν δίκην ὁ γραμματεύς,
Ἀποτέρω στὰς ὧδε πρὸς τὸν ἥλιον,
Τὰ γράμματ' ἐκτήξαιμι τῆς ἐμῆς δίκης;

Aristophane, *les Nuées*, acte II, scène 1re, v. 767. Augsbourg, édit. de Brunck, 1783. — Voir dans l'édition de M. Raoul-Rochette, la note sur le ὕαλος.

[1] *Voir* Pline, pour les cautérisations, *Hist. nat.*, lib. XXXVII, n° 19, et lib. XXXVI, n° 67.

[2] *Histoire de l'astronomie ancienne*, p. 82.

[3] En Egypte comme en Chine, chose remarquable, le Tigre du cycle des 12 animaux, répond aussi au Sagittaire des Grecs.

l'œil de cette figure, deux étoiles obscures ou nébuleuses, étoiles très-voisines, et de 5e ou 6e grandeur, suivant nos tables actuelles; nous ignorons si ces étoiles, ν, tête du sagittaire, se distinguent comme doubles à la vue simple ; mais nous croyons devoir signaler ce fait curieux des zodiaques égyptiens, et à ce sujet nous observerons que, suivant un voyageur [1] qui arrive récemment d'*Otaiti* et des îles voisines, dans ces contrées lointaines de l'Océanie, on nomme aussi ces étoiles du sagittaire, *étoiles à deux faces.*

» Nous ajouterons encore que l'*Encyclopédie japonaise* (aussi-bien que le faisaient les anciens Égyptiens pour l'*étoile Syrius*) parle sans cesse des *étoiles bleues, rouges, jaunes, blanches* de certaines constellations du zodiaque et des autres parties de la sphère céleste, et attache aux changemens de couleur de ces étoiles, les mêmes idées astrologiques de peste, famine, inondations, pillages, que les Egyptiens voulaient déduire des phases de Syrius et de ses couleurs diverses.

» Or, quand nous faisions nos extraits de l'*Encyclopédie japonaise*, nous ne pouvions nous expliquer toutes ces prédictions faites sur des changemens de couleur, que nous croyions alors imaginaires, et il a fallu les récens et beaux travaux du célèbre *Herschel* pour nous expliquer ces passages de *l'Encyclopédie japonaise*, qui, bien que mêlés de fables, n'en ont pas moins, en ce moment, beaucoup d'importance, puisqu'ils nous démontrent que les anciens ont connu ce que nous soupçonnons à peine.

» La taille des cristaux et des pierres précieuses était tellement vulgaire et pratiquée dans la haute antiquité, que, près de *Buschire* [2], port du golfe Persique, on trouve des collines formées des seuls débris de pierres précieuses, travaillées pour bagues, cachets, cylindres, talismans. Or, on comprend très-bien que cette taille des pierres dures dut faire imaginer et les lentilles et les lunettes à verres, ou télescopes.

» Mais sans lunettes même, il nous semble que certaines races humaines, telles que celles des *Hottentots* et *Bojesmans*, au cap

[1] M. Moerenhout, voir p. 35, n° XIII, janvier 1835, *Bulletin de la société de Géographie.* Note communiquée par M. le capitaine d'Urville.

[2] *Voir* Morier et sir Villiam Ouseley, *Voyages récens en Perse et à Buschire.*

de Bonne-Espérance, et des *Mongols* dans la Haute-Asie, ont pu voir et les satellites et l'anneau de *Saturne*, et les couleurs diverses de certaines étoiles, telles qu'on les observe maintenant, au moyen de leur rotation l'une autour de l'autre.

» Nous en avions dit quelques mots dans notre première lettre, sur les satellites de Jupiter, mais la discussion que cette lettre a soulevée entre M. Arago, M. Ampère et autres académiciens, sur la possibilité de voir, sans lunettes, ces satellites, nous fait un devoir de consigner ici les notes que nous avons recueillies sur ce sujet important.

» C'est dans les *Annales des sciences naturelles*, de M. Audouin, tome IV, p. 42, et dans d'autres recueils périodiques, qui ont donné en partie ou en totalité un savant mémoire du docteur Knox, long-tems employé comme chirurgien au cap de Bonne-Espérance, que nous avons recueilli ces documens.

» Ce savant naturaliste et anatomiste compare la race des *Bojesmans* à celle des *Mongols* du nord-est de l'Asie, aussi-bien que l'a fait déjà le célèbre Barrow, et il insiste surtout sur l'étonnante faculté *de vision* de ces deux peuples, faculté propre à leur race, et qui disparaît, dit-il, par un seul croisement avec un Cafre ou un Européen. Ailleurs, il dit qu'avec leurs yeux, ils voient aussi loin que nous avec nos lunettes ou télescopes ordinaires.

» Quant aux *Mongols*, il cite, outre leur vue également très-longue, ce fait singulier : que sur les confins de la Mongolie et de la Russie, les pêcheurs russes nourrissent et paient des hommes de race mongole ou des Tartares, pour leur dire, sur la mer et dans les lacs profonds, le lieu où sont les poissons, et où ils doivent jeter leurs filets. Ainsi la force de vision de ces Mongols pénétrerait même à travers les eaux.

» Nous avons cru ces faits importans à signaler; il faudrait aussi examiner si la longue vie des hommes, avant les tems de David, ne supposait pas une force de vision plus grande que la nôtre? Mais cette lettre est peut-être déjà trop longue. »

Cher de Paravey,

L'un des fondateurs de la Société asiatique de France.

Paris, mars 1835.

OBSERVATION DE M. DE PARAVEY.

Les caractères chinois, d'une admirable élégance, qui entrent dans ces divers Mémoires, formant nos *Illustrations astronomiques*, ont été gravés sur acier par M. Marcellin-Legrand, graveur des nouveaux types de l'Imprimerie Royale, élève et successeur de M. Henri Didot. Cet habile artiste a entrepris de graver ainsi un caractère chinois, dont le besoin se faisait sentir depuis long-temps dans la typographie, et les Sinologues européens peuvent, dès à présent, s'adresser à lui en toute confiance, à Paris, rue du Cherche-Midi, n° 99.

C'est aussi à MM. Warin-Thierry et fils, connus depuis long-tems par leur talent typographique, que nous devons ici l'emploi qui a lieu, pour la première fois peut-être, de caractères orientaux, dont les types manquaient pour la plupart, même à l'Imprimerie Royale.

www.ingramcontent.com/pod-product-compliance
Lightning Source LLC
LaVergne TN
LVHW052027160826
845678LV00003B/1232

* 9 7 8 2 3 2 9 6 3 8 5 8 4 *